Muthu Kumaran

Sistema de votação inteligente baseado no Aadhar

Muthu Kumaran

Sistema de votação inteligente baseado no Aadhar

ScienciaScripts

Imprint

Cover image: www.ingimage.com

This book is a translation from the original published under ISBN 978-620-2-31287-5.

Publisher:
Sciencia Scripts
is a trademark of
Dodo Books Indian Ocean Ltd. and OmniScriptum S.R.L publishing group

120 High Road, East Finchley, London, N2 9ED, United Kingdom
Str. Armeneasca 28/1, office 1, Chisinau MD-2012, Republic of Moldova, Europe
Printed at: see last page
ISBN: 978-620-7-94788-1

SOBRE O AUTOR

O Dr. N. Muthukumaran nasceu em Kaniyakumari, Tamilnadu, Índia, em 1984. Obteve o grau de Bacharel em Engenharia Eletrónica e de Comunicações pela Universidade de Anna, Chennai, Índia, em 2007, o grau de Mestre em Eletrónica Aplicada pela Universidade de Anna, Chennai, Índia, em 2010, e o grau de Doutor em Engenharia da Informação e da Comunicação pela Universidade de Anna, Chennai, Índia, em 2015. Atualmente, trabalha como professor no Departamento de Engenharia Eletrónica e de Comunicações da Faculdade de Engenharia Francis Xavier, Tirunelveli, Tamilnadu, Índia. Os seus principais interesses de investigação são na área do processamento digital de imagem e sinal, processamento e compressão de imagem e vídeo multimédia e conceção de circuitos digitais e analógicos (integração em muito grande escala). Realizou vários projectos de doutoramento e de diploma nos domínios do processamento de imagem, compressão de imagem, integração em muito grande escala, sistemas e redes de comunicação. Desde 2006, publicou mais de 68 artigos em revistas internacionais como Springer, IEEE, Elsevier e 82 artigos em conferências nacionais/internacionais. Publicou 8 livros destinados a estudantes de engenharia. Participou ativamente e organizou mais de 82 eventos relacionados com a investigação, tais como workshops nacionais e internacionais, programas de desenvolvimento do corpo docente, seminários, simpósios, conferências e cursos de curta duração em que participou.

O Dr. N. Muthukumaran é reconhecido como supervisor de doutoramento por supervisionar estudantes de doutoramento e de mestrado (através de investigação) no Departamento de Tecnologias da Informação e da Comunicação da Universidade de Anna, Chennai. Supervisionou e avaliou 32 candidatos para as suas dissertações de mestrado e doutoramento nas áreas do processamento digital de imagens, conceção VLSI, redes e sistemas de comunicação em várias universidades. Atualmente, faz parte do conselho editorial e de revisão de 28 revistas internacionais, como as revistas reconhecidas pela Anna University Chennai, Anexo I e Anexo II. Apresentou mais de 7 propostas de projectos a várias organizações governamentais como DRDO, ISRO, DST com um valor total de Rs. 1,20,00,000 (One Billion Twenty Lakhs) e recebeu uma subvenção de Rs. 45,00,000/- (Forty Five Lakhs), ao abrigo do Ministério da Ciência e Tecnologia (MST), Departamento de Ciência e Tecnologia (DST), intitulado "Fundo para a Melhoria das Infra-estruturas Científicas e Tecnológicas em Universidades e Instituições de Ensino Superior (FIST) Programa - 2016". Serviu o corpo docente e os estudantes em vários cargos académicos e não académicos. Contribuiu e é membro vitalício de mais de 19 associações diferentes, tais como IEEE, ISI, WCECS, UACEE ect.

COTAÇÃO

Em primeiro lugar e acima de tudo, agradeço a Deus Todo-Poderoso por me ter dado o conhecimento e a coragem para concluir com êxito este trabalho de projeto. Agradeço ao nosso Presidente, Dr. S. Cletus Babu, M.A., M.Phil., Ph.D. Estou muito grato ao nosso Diretor, Dr. V. Ilangovan, B.E., M.Tech., Ph.D., F.I.E., por ter proporcionado as instalações necessárias para a preparação do livro.

Gostaria de agradecer à minha mulher, R. Sonya, por ter estado ao meu lado ao longo da minha carreira e ao escrever este livro. Ela inspirou-me e motivou-me a continuar a melhorar os meus conhecimentos e a progredir na minha carreira. Ela é a minha rocha e dedico-lhe este livro. Agradeço também aos meus maravilhosos filhos, M. S. Gowshik e M. S. Mithra.

Gostaria também de aproveitar esta oportunidade para agradecer aos nossos pais e amigos pelo seu apoio na preparação do nosso livro.

Gostaria de agradecer a todos os professores e outros funcionários do Departamento de Eletrónica e Tecnologias da Comunicação pelas suas sugestões oportunas e pela ajuda na preparação do livro.

RESUMO

O processamento de imagens é um método para efetuar operações de imagem e melhorar a imagem ou extrair informações da imagem. O principal objetivo deste projeto é permitir um sistema de votação seguro e evitar os mal-entendidos que podem ocorrer durante os períodos eleitorais. O sistema de votação ajuda os cidadãos a eleger o seu governo e os seus representantes políticos. Garante também que os votos falsificados e repetidos sejam evitados durante as eleições. Neste projeto, a impressão digital é utilizada como entrada. Toda a base de dados do eleitor, incluindo a impressão digital, a fotografia, o número de telemóvel, etc., foi armazenada no MATLAB. Se a impressão digital introduzida pelo eleitor corresponder à base de dados, o eleitor pode introduzir o seu voto. Se a impressão digital não corresponder, o sistema bloqueia o processo. É importante que o eleitor possa registar o seu voto no local da sua escolha. Além disso, o número de votos registados deve ser atualizado na gestão da base de dados de cada vez que o voto é expresso. O sistema de votação inteligente melhorará a exatidão e a rapidez do processo. Este sistema de votação deverá ultrapassar as desvantagens do sistema de votação eletrónica.

LISTA DE ABREVIATURAS

AVM	Automatic Voting Machine
DIP	Digital Image Processing
EVM	Electronic Voting Machine
GSM	Global System of Mobile Communication
GUI	Graphical User Interface
HMI	Human Machine Interface
LCD	Liquid Crystal Display
LED	Light Emitting Diode
PSU	Power supply Unit
SMS	Short Message Service
TDMA	Time Division Multiple Access
UART	Universal Asynchronous Receiver and Transmitter
VTM	Voting Teller Machine

CAPÍTULO 1
INTRODUÇÃO

1.1 INTRODUÇÃO GERAL

Podemos estar a viver no século XXI, na era da ciência e da tecnologia, mas o nosso processo e sistema eleitorais não reflectem isso. A Índia é o maior país democrático, onde o direito de voto e o direito de voto dos adultos são considerados os principais pilares da democracia. Por conseguinte, o povo indiano tem plenos poderes para eleger o candidato merecedor e formar o governo. Por este motivo, é atribuída grande importância às eleições e ao sistema eleitoral na Índia. As eleições são um processo através do qual o povo escolhe os seus representantes. Num governo democrático do povo, pelo povo e para o povo, todos os cidadãos têm o direito de votar. Cabe ao governo organizar o processo eleitoral de modo a que cada indivíduo mostre interesse em votar. Deve também ser um processo justo e as pessoas devem ter confiança nele.

Os sistemas de votação tradicionais baseiam-se em boletins de voto ou urnas em que são impressos os nomes dos candidatos e os símbolos dos partidos que lhes são atribuídos. Estas urnas são utilizadas para votar nas eleições. No final do dia, estas urnas são seladas e enviadas para os centros de contagem. Nos centros de contagem, as urnas são abertas e todos os votos são contados manualmente. Mas este sistema de votação exige muito dinheiro, muitos recursos, muita burocracia e segurança.

Este sistema também é afetado por erros humanos na contagem, é moroso e não é suficientemente seguro. Para ultrapassar estes problemas, foram propostos vários modelos, como as máquinas de voto eletrónico, mais conhecidas por EVM, o voto eletrónico por telemóvel, o voto em linha, o voto por correspondência em muitos países europeus, etc. Além disso, existem várias propostas para tornar o sistema de votação simples e acessível às pessoas com deficiência.

Este documento propõe um modelo KBATMVS que utiliza a ATM como máquina de voto e o Kerberos para o processo de autenticação. Este modelo não só poupa papel como também aumenta o nível de segurança. Este modelo é também útil para os eleitores com deficiência que não podem votar.

1.2 IMAGEM DIGITAL

Esta é a representação numérica de uma imagem bidimensional. Dependendo da especificação da resolução da imagem, pode ser uma imagem vetorial ou raster. O termo "imagem digital" refere-se normalmente a imagens rasterizadas ou a imagens bitmap.

1.3 PROCESSAMENTO DIGITAL DE IMAGENS

O processamento de imagens é uma forma de processamento de sinais em que a entrada é uma imagem, por exemplo, uma fotografia ou uma imagem de vídeo, e a saída do processamento de imagens pode ser uma imagem ou um conjunto de caraterísticas ou parâmetros relacionados com a imagem. Em regra, o processamento de imagens significa processamento digital de imagens, mas também são possíveis métodos ópticos e analógicos.

Tal como o processamento digital de sinais unidimensionais, o processamento digital de imagens ultrapassa os problemas analógicos tradicionais, como o ruído, a distorção durante o processamento, a inflexibilidade do sistema quando são efectuadas alterações e as dificuldades de implementação. O processamento digital de imagens permite a utilização de algoritmos muito mais complexos e pode, por conseguinte, oferecer um desempenho mais sofisticado em tarefas simples e a aplicação de métodos que seriam impossíveis por meios analógicos.

1.4 TIPOS DE PROCESSAMENTO DIGITAL DE IMAGENS

1.4.1 Restauro de imagens

Trata-se de um processo em que uma imagem danificada/ruidosa é obtida e a imagem original limpa é estimada.

1.4.2 Melhoria de imagem

É um processo em que as imagens digitais são adaptadas para que os resultados sejam mais adequados para visualização ou para análises posteriores.

1.4.3 Compressão de imagem

É utilizada para reduzir a irrelevância e a redundância dos dados de imagem, de modo a que os dados possam ser armazenados ou transmitidos de forma eficiente. Os dois tipos de compressão são a compressão com perdas e a compressão sem perdas.

1.4.4 Segmentação de imagens

É utilizado para dividir uma imagem digital em vários segmentos e facilita muito a análise das imagens.

1.4.5 Imagiologia médica

A tecnologia e o processamento são utilizados para criar imagens do corpo humano para fins clínicos ou de ciência médica.

1.5 ETAPAS BÁSICAS DO PROCESSAMENTO DIGITAL DE IMAGENS

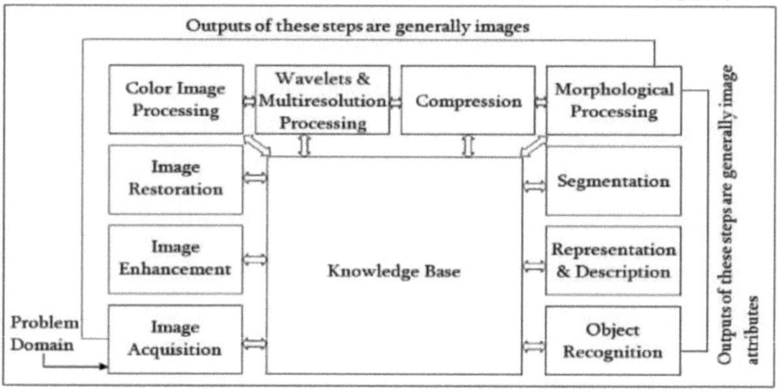

Fig. 1.1 Etapas do processamento de imagens

O melhoramento de imagens é uma das áreas mais simples e mais atractivas do processamento digital de imagens. Basicamente, o melhoramento de imagens consiste em realçar pormenores que estão obscurecidos ou simplesmente destacar caraterísticas interessantes numa imagem, por exemplo, alterações, brilho, etc.

O restauro de imagens é uma área que melhora o aspeto de uma imagem. No entanto, ao contrário do melhoramento subjetivo de imagens, o restauro de imagens é objetivo.

O processamento de imagens a cores é uma área que se tem tornado cada vez mais importante devido à crescente utilização de imagens digitais na Internet. Isto pode incluir a modelação e o processamento de cores numa área, etc.

A compressão trata de técnicas para reduzir a quantidade de espaço necessário para armazenar uma imagem ou a largura de banda necessária para utilizar a Internet.

A visualização e a descrição são quase sempre feitas sob a forma de dados brutos em píxeis, que representam ou o limite da região ou todos os pontos da própria região. A escolha da representação é apenas uma parte da solução para converter os dados brutos numa forma adequada para o processamento informático subsequente. O reconhecimento é um processo de atribuição de um rótulo, por exemplo, "veículo", a um objeto com base nos descritores.

O conhecimento pode ser simples, como a especificação da área de uma imagem onde a informação de interesse é conhecida e a pesquisa que tem de ser efectuada ao procurar essa informação. No entanto, o conhecimento também pode ser bastante complexo, como uma lista coerente de todos os possíveis defeitos importantes num problema de inspeção de materiais ou uma base de dados de imagens de satélite de alta resolução de uma região em conjunto com uma aplicação de deteção de alterações.

O processamento morfológico trata das ferramentas de extração de componentes de imagem que são úteis para a representação e descrição de formas.

A segmentação envolve a divisão de uma imagem nos seus componentes ou objectos. Em geral, a segmentação autónoma é uma das tarefas mais difíceis no processamento digital de imagens. Um método de segmentação robusto leva o processo a um longo caminho para resolver com êxito problemas de processamento de imagens em que os objectos têm de ser individualmente idênticos.

1.6 RECONHECIMENTO DE IMPRESSÕES DIGITAIS

A identificação por impressões digitais é amplamente utilizada nos métodos de identificação biométrica. Até à data, foram propostas várias técnicas para uma identificação satisfatória das impressões digitais. O algoritmo baseado em filtros proposto utiliza um banco de filtros de Gabor para captar os pormenores locais e globais da impressão digital como um código compacto de comprimento fixo. A identificação das impressões digitais baseia-se na distância euclidiana entre dois códigos de dedos correspondentes e é extremamente rápida e mais exacta do que o método baseado em minúcias. A exatidão do sistema é de 98,22%.

CAPÍTULO 2
REVISÃO DA LITERATURA

2.1. Uma abordagem inovadora da implementação de um modelo de votação numa caixa registadora automática por B. Thamotharan, DR. V. Vaithiyanatahan, R. Nandini, .Mounika Mudda, R.Divya,Ano 2013

As eleições desempenham um papel importante num país democrático como a Índia. Um processo eleitoral justo exige normalmente muita mão de obra, o governo tem de gastar muito dinheiro e muitas pessoas têm de trabalhar arduamente. Trata-se de uma abordagem inovadora que permite às pessoas votar numa caixa multibanco. Espera-se que este modelo ultrapasse as desvantagens do sistema atual, em que a percentagem de votos registados nunca atinge os 100%. Com a ajuda deste modelo, podemos esperar uma maior afluência às urnas. É da responsabilidade do governo simplificar o processo de votação para que cada indivíduo mostre interesse em votar. Deve também ser um processo justo e as pessoas devem ter confiança nele.

Restrições

- O tempo necessário é elevado.
- O trabalho manual é elevado.
- Não está incluído um sistema de segurança biométrico.
- Um candidato pode saber quantas pessoas votaram nele numa assembleia de voto.
- O sistema de filas de espera foi mantido.

2.2. Sistema de votação ATM baseado em Kerberos: Voting Friendly Model por Nitish Kumar Singh e Yashwant Singh Patel, ano 2014.

Neste documento, é proposto um modelo KBATMVS através do qual a ATM pode ser utilizada para efetuar o processo de votação com a devida autenticação, independentemente da localização geográfica dos eleitores. A autenticação é efectuada utilizando alguns sistemas de reconhecimento biométrico. Para tal, os eleitores têm de passar por um processo de autenticação em duas fases. Isto não só poupa muito dinheiro, mas também o desperdício de papel e de recursos de segurança utilizados no processo de votação. Este modelo também será amigável e útil para os eleitores com deficiência. O eleitor simplesmente completa alguns passos e um certificado de votação é gerado após uma votação bem-sucedida. Todos os ATMs estarão ligados através da rede ATM. O processo de autenticação e votação é efectuado utilizando o servidor de autenticação Kerberos e a base de dados do centro emissor do cartão de voto. Os eleitores podem participar nas eleições sem terem de recorrer aos seus respectivos círculos eleitorais. Este documento propõe um modelo KBATMVS que utiliza a caixa multibanco como máquina de voto e o Kerberos para o processo de autenticação. Este modelo não só poupa papel como também aumenta o nível de segurança. Este modelo é também útil para os eleitores com deficiência que não podem votar. Neste modelo, todas as máquinas ATM estão ligadas a outras através de uma rede ATM. O presente documento está organizado da seguinte forma. A secção seguinte descreve o trabalho relacionado.

Restrições

- O nível de segurança é baixo.
- O grau de confirmação é médio.
- Os sistemas de filas de espera devem ser mantidos.

2.3. Automatic Voting Machine - An Advanced Model For Secured Biometrics Based Voting System (Máquina de votação automática - um modelo avançado para um sistema de votação seguro baseado na biometria) por Soumadip Sen e Sankhadip Sen, ano 2015.

A Índia, atualmente considerada a maior democracia do mundo, é elogiada em todo o mundo pelos seus princípios democráticos de uma "república soberana, socialista, secular e democrática". Atualmente, é o segundo país mais populoso do mundo. Embora o país disponha de uma rica infraestrutura técnica e científica, os processos de votação e eleitorais não reflectem esse facto. Neste documento, iremos propor um conceito ou uma ideia sobre a forma de conceber os procedimentos e o equipamento de votação para uma eleição "livre, justa e segura" nos próximos dias. Os investigadores demonstraram vários problemas associados à atual tecnologia de votação na Índia, que é feita através de máquinas de voto eletrónico (EVM). O modelo de máquinas de voto proposto por nós irá ultrapassar estes problemas e tornar as eleições e a votação justas, convenientes e fiáveis para todos os cidadãos. O modelo proposto garante total transparência e conquistará definitivamente a confiança e a integridade dos eleitores. A autenticação biométrica e a prova de identidade são muito importantes na conceção do conceito, uma vez que a autenticação biométrica é um sistema que se baseia nas caraterísticas biológicas únicas (como as impressões digitais, a leitura da retina, etc.) dos indivíduos para verificar a sua identidade com vista a um acesso seguro aos sistemas electrónicos.

Restrições

- A eficiência é média.
- Os custos de manutenção podem aumentar.
- Sistema baseado em cartões. Em caso de perda do cartão, a votação não será efectuada.

2.4. Máquina de Voto Automatizada (AVM) baseada em computador para as eleições na Nigéria por Yekini, N.A., Oyeyinka I. K., Oludipe O.O., Lawal O.N, Ano 2013.

A confiança de que cada voto será registado e contado com exatidão e imparcialidade é a base de uma verdadeira democracia. A Nigéria regressou à democracia em 1999. Desde então, o processo eleitoral, especialmente a votação, tem sido manual. Este método de votação manual tem estado associado a um ou outro problema, que tem sempre conduzido à violência pós-eleitoral. Nas eleições gerais de 2011, que foram consideradas as eleições mais livres e justas desde 1999, houve violência pós-eleitoral porque algumas pessoas acreditavam que as eleições foram manipuladas em algumas áreas a favor do presidente em exercício. Os autores deste artigo recolheram alguns dados sobre a realização das eleições gerais de 2011 junto de milhares de eleitores elegíveis que participaram nas eleições gerais de 2011. Os dados recolhidos foram tabulados e analisados, tendo-se concluído que a Nigéria precisa de um sistema eleitoral alternativo que automatize o método manual de votação. Este documento propõe um sistema de votação eletrónica informatizado (Automated Voting Machine - AVM) para as futuras eleições na Nigéria. O sistema imita as caixas automáticas (ATM) utilizadas pelas instituições financeiras para transacções financeiras.

Restrições

- O nível de segurança é baixo.
- O consumo de tempo é devidamente controlado.
- O trabalho manual é elevado.
- Agora a eleição parece ser uma grande confusão.

2.5. Polaiah Bojja e Madhu Nakirekanti "Aadhar Based Electronic Voting Machine Using Arduino", ano 2016.

Neste documento, é proposto pela primeira vez um sistema de votação em linha para as eleições indianas. O sistema de votação é gerido de uma forma mais simples, uma vez que todos os utilizadores têm de iniciar sessão com o seu número de cartão Aadhar e a sua senha e clicar nos candidatos da sua preferência para votar. Isto proporciona uma maior segurança, na medida em que a palavra-passe de alta segurança do eleitor é confirmada antes de o voto ser aceite na base de dados principal da ICE. A caraterística adicional do modelo é o facto de o eleitor poder ter a certeza de que o seu voto foi para o candidato/partido certo. A votação é automática, o que poupa imenso tempo e permite que a ICE anuncie os resultados em intervalos muito curtos. Este método é muitas vezes moroso, uma vez que a pessoa tem de verificar o seu cartão de eleitor na lista que tem à sua frente para se certificar de que se trata de um cartão autorizado e, em seguida, pode votar. Para evitar este tipo de problema, foi desenvolvida uma máquina de voto baseada na impressão digital, em que o eleitor não precisa de levar consigo o seu documento de identificação, que contém todos os seus dados. A pessoa na cabina deve mostrar o seu dedo. O leitor de impressões digitais lê os dados da etiqueta. Esta informação é transmitida à unidade de controlo para verificação.

Restrições

- Elevado consumo de tempo.
- A eficiência é baixa.
- Caraterística não disponível.
- Mais trabalho manual.

2.6. Máquina de voto eletrónica de fácil utilização baseada em Aadhar utilizando ARM7 por V.Syam Babu, A.L Siridhara, R.Karthik, Koppula Srinivasa Rao, G.Bhavana e K.H Murali, ano 2016.

Atualmente, todos sabemos que a fraude eleitoral continua a ser um problema grave nas eleições. Embora seja possível passar dos boletins de voto em papel para as máquinas de voto eletrónico (EVM), este problema não pode ser totalmente evitado. Este documento tenta resolver este problema. Hoje em dia, todos nós temos um cartão AADHAR, pelo que o governo dispõe de toda a base de dados de todos os utilizadores, incluindo a impressão digital. Assim, se utilizarmos a base de dados de forma eficaz com a ajuda de um microcontrolador, podemos resolver completamente o problema da manipulação dos votos. Este documento mostra como este problema pode ser resolvido com a ajuda de scanners de impressões digitais e microcontroladores, o que será conveniente para todos os cidadãos na cabina de voto. Para tal, a impressão digital revela-se um dos melhores métodos. Uma vez que estamos a falar de biometria, precisamos de um scanner de impressões digitais. Ao votar, os cidadãos têm de colocar o dedo no sensor de impressões digitais. Se corresponder às impressões digitais armazenadas, podemos prosseguir com o processo de votação. O super visor pode saber os pormenores da votação e é ligado um modem GSM para enviar SMS à autoridade competente.

Restrições

- O nível de segurança é baixo.
- O grau de confirmação é médio.
- O sistema de filas de espera deve ser mantido.
- Aumento do desperdício de papel.

2.7. Implementação de um dispositivo EVM baseado no cartão Aadhar com um módulo GSM por Jitendra Waghamare, Dhananjay Manusmare, Bhagyashri Dongre, ano2017

O objetivo do sistema eleitoral é dar aos eleitores a oportunidade de votar na eleição do governo e dos representantes políticos e também de alterar a constituição, porque o voto é a única forma de fazer valer a opinião ou a preocupação do povo na eleição do governo, que é sempre uma iniciativa para melhorar. O voto é um fenómeno que engloba o mecanismo de tomada de decisões numa sociedade e a segurança é uma parte importante do voto. O termo "sistema de votação baseado no cartão Aadhar" representa um sistema de votação que garante a segurança, a fiabilidade e a transparência. O governo indiano concedeu ao povo o direito de eleger o seu líder. Para o efeito, as eleições são organizadas pela Comissão Eleitoral da Índia. Para votar, a ECI fornece um cartão de eleitor. Em seguida, o eleitor vota legalmente na máquina de voto em papel da Ballet. Antes de votar, a Comissão Eleitoral segue o processo de registo do eleitor. Depois disso, o eleitor recebe um número de registo de eleitor e um cartão de identificação. Depois, o eleitor tem de mostrar o seu cartão de eleitor quando se dirige à cabina de voto para votar. Trata-se de um processo moroso, uma vez que o eleitor tem de verificar o cartão de identificação do eleitor na lista e no número da lista que possui e confirmar que está autorizado a fazê-lo, permitindo depois que o eleitor exerça o seu direito de voto.

Restrições

- Aumento do trabalho manual.
- Tempo necessário.

2.8. Urna de voto eletrónica com autenticação biométrica de impressões digitais e cartão Aadhar por Shekhar Mishra, Y.Roja Peter, Zaheed Ahmed Khan, Ano 2017

Nos países em desenvolvimento, o número de eleitores está a aumentar de dia para dia. E um sistema eleitoral sem corrupção é atualmente uma questão premente. Devido ao sistema de votação manual, existe um grande potencial de corrupção nestes países. Durante o período eleitoral, uma pessoa que não é elegível para votar pode votar em nome de outra pessoa elegível, o que é conhecido como falsificação de identidade do eleitor. Este tipo de corrupção só pode ser evitado por um sistema de votação automatizado. Este projeto foi desenvolvido para um sistema de votação eletrónica que utiliza o método de identificação por impressões digitais. Quando o eleitor coloca o polegar no scanner, o sistema verifica se corresponde à impressão previamente armazenada no cartão aadhar. Para permitir o exercício deste direito, quase todos os sistemas de votação em todo o mundo incluem as seguintes etapas: Identificação e autenticação do eleitor, reconciliação e registo dos votos expressos, contagem dos votos, publicação dos resultados eleitorais.

Restrições

- O nível de segurança é baixo.
- A eficiência é baixa.
- Mais complexo.
- Tempo necessário.

2.9. Sistema de votação eletrónica baseado no Aadhar, por Prof.R.L.Gaike, Vishnu P. Lokhande, Shubham T. Jadhav, Prasad N. Paulbudhe, Ano 2016

O objetivo da votação é dar aos eleitores a oportunidade de exercerem o seu direito de voto em relação a questões específicas, legislação, iniciativas de cidadãos, alterações constitucionais, revogação de mandato e/ou ao seu governo e representantes políticos. A tecnologia está a ser cada vez mais utilizada como uma ferramenta para ajudar os eleitores a votar. Para permitir o exercício deste direito, quase todos os sistemas eleitorais do mundo prevêem as seguintes etapas: Identificação e autenticação dos eleitores, votação e registo dos votos expressos, contagem dos votos, publicação dos resultados eleitorais. A identificação dos eleitores é necessária em duas fases do processo eleitoral: em primeiro lugar, para o recenseamento eleitoral, a fim de estabelecer o direito de voto e, em seguida, no momento da votação, para permitir que um cidadão exerça o seu direito de voto, verificando se a pessoa preenche todos os requisitos necessários para votar (autenticação). A segurança está no cerne do processo eleitoral. Por isso, é muito importante desenvolver um sistema de votação eletrónica seguro. Normalmente, os mecanismos que garantem a segurança e a privacidade de uma eleição podem ser morosos, dispendiosos para os administradores eleitorais e inconvenientes para os eleitores. Existem diferentes níveis de segurança da votação eletrónica. Por conseguinte, devem ser tomadas medidas sérias para o manter afastado do público. Devem igualmente ser adoptadas medidas de segurança para ocultar os votos do público. Não existe uma medida de nível de segurança aceitável, uma vez que o nível depende da natureza da informação. Um nível de segurança aceitável é sempre um compromisso entre a facilidade de utilização e a força do método de segurança.

Restrições

- Aumento do desperdício de papel.
- O nível de segurança é baixo.

2.10. Sistema de votação eleitoral baseado no Aadhar por Ankita R. Kasliwal, Jaya S. Gadekar, Manjiri A. Lavadkar, Pallavi K. Thorat, Dr. Prapti Deshmukh, Ano 2017.

Como sabemos, as eleições em qualquer país são um processo fundamental da democracia que permite às pessoas exprimir a sua opinião votando no seu candidato. A Índia está a gastar muito dinheiro para melhorar todo o seu sistema eleitoral e proporcionar uma melhor governação aos seus cidadãos. Na Índia, o sistema eleitoral deve ser honesto, transparente e totalmente seguro para garantir uma melhor democracia. O sistema atual é menos transparente, uma vez que pode haver fraude no processo de votação. A autenticação dos eleitores, a segurança do processo de votação e a proteção dos dados de votação são os maiores desafios do atual sistema eleitoral. Por esta razão, é necessário desenvolver um sistema de votação seguro. Neste documento, propusemos um sistema de votação baseado na impressão digital do eleitor, que é armazenada como um número de cartão Aadhar numa base de dados centralizada do governo. Na base de dados centralizada Aadhar, o governo recolhe dados biométricos e demográficos dos cidadãos e atribui um número de identidade único de 12 dígitos ao indivíduo. A impressão digital biométrica permite uma autenticação segura, uma vez que a impressão digital é única para cada pessoa.

Restrições

- O sítio Web de votação com Aadhar deve estar acessível na cabina de voto.
- O scanner de impressões digitais deve estar disponível na cabina de voto.
- O sítio Web necessita de eletricidade e Internet.
- O tempo necessário é elevado

CAPÍTULO 3
SISTEMA ACTUAL

3.1 INTRODUÇÃO

Logo que o último eleitor tenha votado, o funcionário responsável pela unidade de controlo carrega no botão "Fechar". A EVM deixa então de aceitar votos. Uma vez concluída a votação, a unidade de votação é separada da unidade de controlo e armazenada separadamente. O voto só pode ser registado através da unidade de votação. Também neste caso, o presidente da mesa de voto entrega uma lista dos votos registados a cada membro da mesa presente no final do escrutínio.

Quando os votos são contados, o total é comparado com esta conta e, se houver discrepâncias, os contadores indicam-no. Enquanto os votos estão a ser contados, os resultados são apresentados premindo o botão "Resultado".

Existem duas salvaguardas para evitar que o botão "Resultado" seja premido antes do início oficial da contagem dos votos. (a) Este botão só pode ser premido quando o presidente da assembleia de voto responsável carregar no botão "Fechar" na cabina de voto no final do processo de votação. b) Este botão está escondido e selado; só pode ser aberto no centro de contagem na presença do presidente da assembleia de voto responsável.

3.2 METODOLOGIA

As máquinas de voto eletrónico são utilizadas para acelerar o processo de votação e reduzir o consumo de papel, o que conduz indiretamente a uma redução dos custos associados às eleições.

As máquinas de voto eletrónico oferecem maior segurança do que os tradicionais boletins de voto em papel.

O transporte destas urnas de grandes dimensões é mais arriscado do que o transporte de máquinas compactas, em que os autores de fraudes que sequestram o veículo não podem alterar os dados da máquina de voto eletrónica (EVM), mesmo que o veículo possa ser sequestrado.

Alguns países estão a mostrar interesse nas EVM fabricadas na Índia, uma vez que estas oferecem maior segurança. Países como os EUA continuam a utilizar o método tradicional de voto em papel nas suas eleições, uma vez que o risco de pirataria informática e de alteração dos dados de voto é mais elevado.

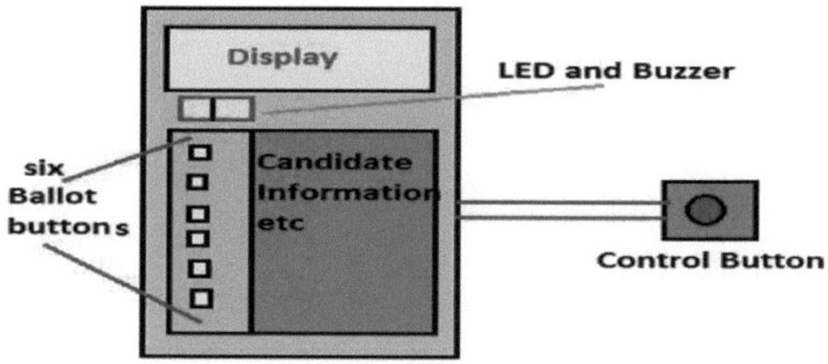

Fig.3.1.Módulo EVM

O circuito da EVM só pode acolher 6 candidatos. Existe um botão de controlo semelhante à unidade de controlo das EVM reais. Depois de uma pessoa ter votado, os botões de voto são desactivados e só voltam a ser activados depois de o botão de controlo ter sido premido. O botão de controlo é colocado perto da pessoa encarregada de controlar a cabina de voto e, depois de uma pessoa ter votado, o voto é confirmado pela ativação do LED e do sinal sonoro. A pessoa pode também confirmar em quem votou, mostrando o nome do candidato ou partido no ecrã durante alguns segundos. Esta função ainda não está disponível nas EVM reais.

3.3 FUNCIONAMENTO DO SISTEMA

Ligar o aparelho. O aparelho confirma-o com um sinal sonoro, indicando que está tudo bem. Se o aparelho não estiver OK, emite um sinal sonoro rápido e apresenta a mensagem de erro no ecrã LCD. Prima o botão de comando, agora o aparelho está pronto para gravar uma voz. Assim que a voz é gravada, o aparelho ilumina-se, emite um sinal sonoro durante um segundo e apresenta, durante alguns segundos, o nome do candidato a quem deu a voz. Para gravar a próxima voz, é necessário premir novamente o botão de comando. Cada vez que o botão de comando é premido, o sinal sonoro emite 3 bips curtos. Este processo deve continuar até que o último eleitor tenha votado. Depois de o último eleitor ter votado, deixa de ser necessário premir o botão de controlo. Depois de o último eleitor ter votado, o aparelho deve ser imediatamente desligado com o botão de desligar e o cartão SD deve ser retirado. Desta forma, nenhum dado será alterado. Insira o cartão SD num computador e poderá ver 6 ficheiros de texto.

3.4 RESTRIÇÕES

Um candidato pode saber quantas pessoas votaram a seu favor numa assembleia de voto. Isto é particularmente importante se as mesas de voto votarem unilateralmente a favor ou contra um candidato e se o candidato vencedor puder favorecer ou desfavorecer determinadas zonas. Nos dias de eleições ou antes deles, o tráfego é completamente suspenso e a maioria dos veículos de transporte terrestre é retirada da estrada para fins eleitorais, e os serviços são suspensos na maioria das áreas públicas durante os meses de eleições. Consequentemente, o sector público está em completa desordem e os empregados e clientes do sector também sofrem muito. As escolas, os colégios e outras instituições afins estão a ser utilizados como assembleias de voto ou DCRCs (Distribution Centre cum Receiving Centres) para a distribuição e recolha de material eleitoral, documentos relacionados e candidaturas aos agentes eleitorais. Para o efeito, o trabalho oficial e as aulas são interrompidos e os estudantes têm de enfrentar vários problemas.

Num determinado dia de eleições, as assembleias de voto estão sobrelotadas. As pessoas têm de ficar de pé, sob um sol abrasador, durante horas, só para poderem votar. Os idosos e os cidadãos da terceira idade enfrentam os mesmos problemas. As mulheres grávidas e as mulheres com filhos enfrentam grandes dificuldades devido à falta de várias instalações, pelo que uma grande parte destas mulheres não consegue chegar às cabinas de voto para votar.

CAPÍTULO 4
SISTEMA PROPOSTO

4.1 INTRODUÇÃO

Neste sistema proposto, o MATLAB e o sistema incorporado desempenham um papel importante neste sistema de votação inteligente. Garante uma votação segura.

4.2 METODOLOGIA

O sistema consiste num cartão à prova de falsificação, no qual são armazenados todos os dados pessoais. O eleitor não tem de se dirigir aos assistentes nas cabinas de voto, mas pode ir diretamente à máquina.

Os eleitores devem registar a sua impressão digital. Com base nas caraterísticas da impressão digital, esta é comparada com a pessoa que está a votar. A correspondência das impressões digitais é efectuada com a ajuda da base de dados do cartão Aadhar, utilizando o MATLAB GUI. O dedo do eleitor é comparado com a base de dados e o rosto da pessoa autorizada é apresentado no MATLAB GUI. O eleitor recebe um OTP através de um modem GSM depois de selecionar a sua localização e o seu candidato.

Foram gerados números aleatórios. A eficiência de um sistema biométrico baseado em impressões digitais é relativamente elevada em comparação com outros sistemas de autenticação biométrica, como o reconhecimento da íris, o leitor facial, a leitura da retina, o reconhecimento da voz, a geometria da mão ou a assinatura. Pretende-se introduzir a OTP utilizando uma matriz de teclado. Se a OTP e a impressão digital coincidirem, só o eleitor pode votar.

Após a comparação das impressões digitais, a área relevante para o eleitor é apresentada com os candidatos e os nomes e símbolos dos respectivos partidos. Utilizando a matriz do teclado, o eleitor pode selecionar o candidato que corresponde à sua decisão. Depois de votar, o eleitor pode receber uma breve mensagem de confirmação via GSM.

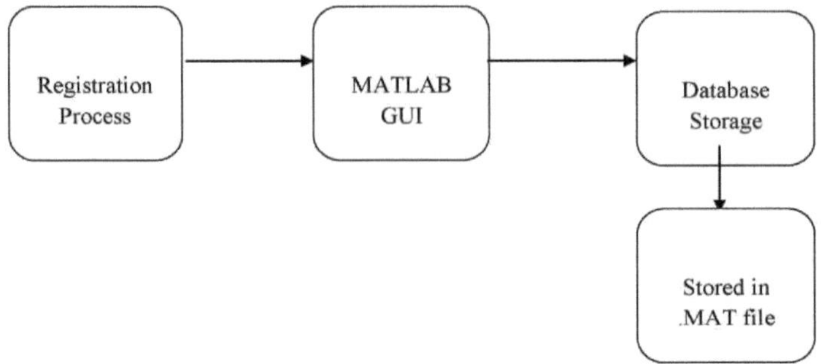

Figura 4.1 Diagrama de blocos da unidade de registo

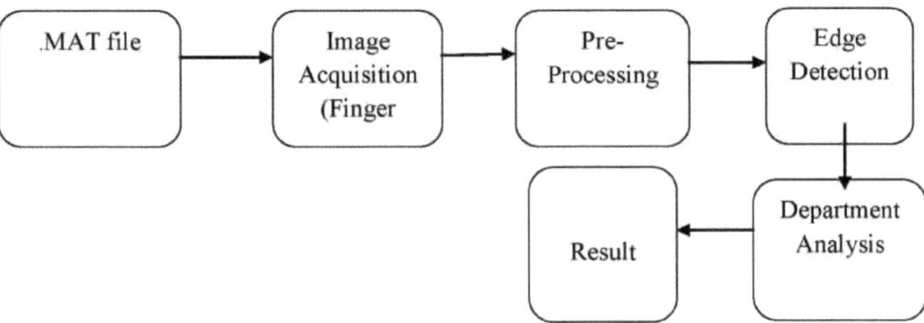

Fig.4.2 Diagrama de blocos da unidade MATLAB

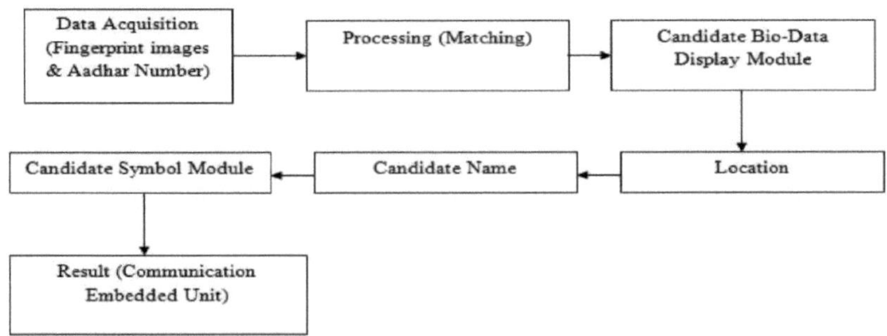

A votação será anexada. A lista anexa só pode ser visualizada por utilizadores autorizados. Se tiver introduzido incorretamente a palavra-passe, selecionado o local errado ou votado incorretamente, a porta será bloqueada e o sinal sonoro será ligado. Após a introdução do voto, o ecrã LCD mostra o resultado, quer tenha votado ou não.

4.2.1 Aquisição de imagens

O modelo de cor RGB é um modelo de cor aditivo no qual as luzes vermelha, verde e azul são adicionadas de diferentes formas para reproduzir uma vasta gama de cores. O nome do modelo deriva das primeiras letras das três cores primárias aditivas: vermelho, verde e azul.

Fig. 4.3 Ecrã de entrada

Em fotografia e informática, uma imagem digital em escala de cinzentos é uma imagem em que o valor de cada pixel é um padrão único, ou seja, contém apenas informação de intensidade. As imagens deste tipo, também conhecidas como imagens a preto e branco, consistem exclusivamente em tons de cinzento, que vão do preto, na intensidade mais baixa, ao branco, na intensidade mais alta. Em fotografia e informática, uma imagem digital em escala de cinzentos é uma imagem em que o valor de cada pixel é um padrão único, ou seja, contém apenas informação de intensidade. As imagens deste tipo, também conhecidas como imagens a preto e branco, consistem exclusivamente em tons de cinzento, que vão do preto, na intensidade mais fraca, ao branco, na intensidade mais forte.

4.2.2 Imagem cinzenta

As imagens em escala de cinzentos diferem das imagens bi-tonais a preto e branco de um bit, que, no contexto da imagiologia informática, são imagens com apenas duas cores, preto e branco (também designadas imagens bi-nível ou binárias). As imagens em escala de cinzentos são frequentemente o resultado da medição da intensidade da luz em cada pixel numa única banda do espetro eletromagnético (por exemplo, infravermelhos, luz visível, ultravioleta, etc.) e, nesses casos, são monocromáticas se apenas for captada uma frequência específica. No entanto, também podem ser sintetizadas a partir de uma imagem a cores; ver a secção sobre conversão para escala de cinzentos.

4.2.3 Deteção de bordos

A deteção de bordos envolve uma variedade de métodos matemáticos que visam identificar pontos numa imagem digital onde o brilho da imagem muda significativamente ou, mais formalmente, apresenta descontinuidades.

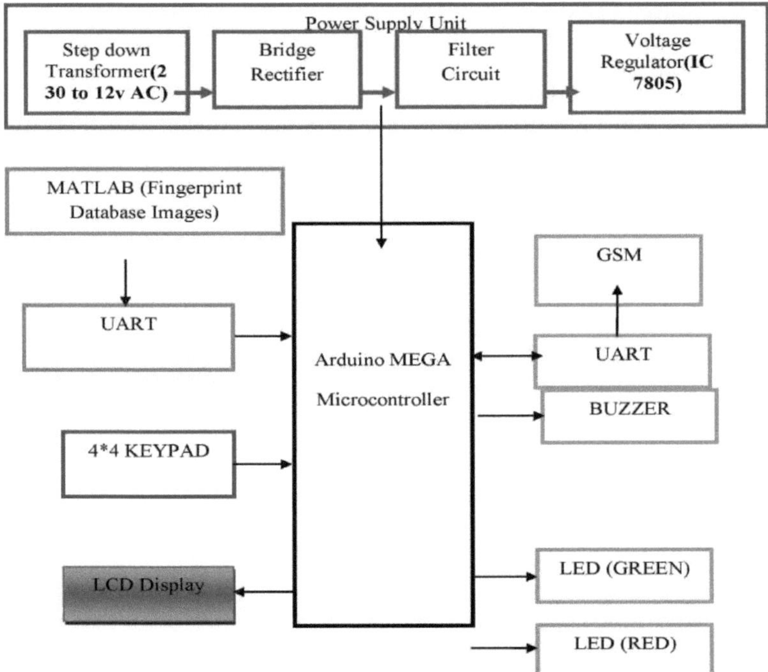

Fig.4.4 Unidade de hardware

4.2.4 Unidade de alimentação eléctrica

Fonte de alimentação é uma referência a uma fonte de energia eléctrica. Um dispositivo ou sistema que fornece energia eléctrica ou outra energia a uma carga de saída ou a um grupo de cargas é designado por unidade de alimentação ou PSU. O termo é mais comummente utilizado para fontes de energia eléctrica, menos comum para fontes mecânicas e menos comum para outras.

4.2.5 Transformador abaixador

Fonte de alimentação básica O enrolamento primário do transformador de potência de entrada está ligado à rede eléctrica. Um enrolamento secundário, que está acoplado electromagneticamente mas isolado eletricamente do enrolamento primário, é utilizado para obter uma tensão alternada de amplitude adequada e, após processamento adicional pela fonte de alimentação, para operar o circuito eletrónico a ser alimentado. Se for utilizado um transformador demasiado pequeno, é provável que a capacidade da fonte de alimentação para manter a tensão de saída total com a corrente de saída total fique comprometida. Se o transformador for demasiado pequeno, as perdas aumentarão drasticamente quando o transformador estiver totalmente carregado.

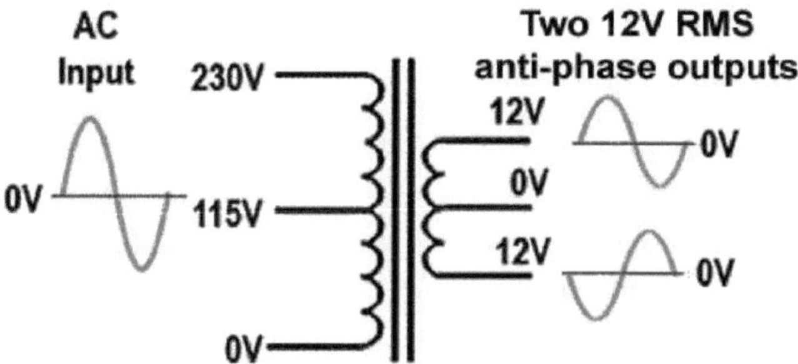

Fig.4.5. Transformador abaixador

4.2.6 A fase de retificação

É utilizado um circuito retificador para converter a entrada CA em CC. O retificador de onda completa em ponte utiliza quatro díodos dispostos num circuito em ponte para obter uma retificação de onda completa sem a necessidade de um transformador de derivação central. Uma vantagem adicional é que os díodos requerem apenas metade da tensão de rutura dos díodos utilizados para a retificação de meia onda e de onda completa, uma vez que dois díodos conduzem sempre simultaneamente. A ponte rectificadora pode ser construída a partir de díodos individuais ou pode ser utilizada uma ponte rectificadora combinada.

Pode ver-se que pares opostos de díodos conduzem em cada meio ciclo, mas a corrente através da carga tem a mesma polaridade em ambos os meios ciclos.

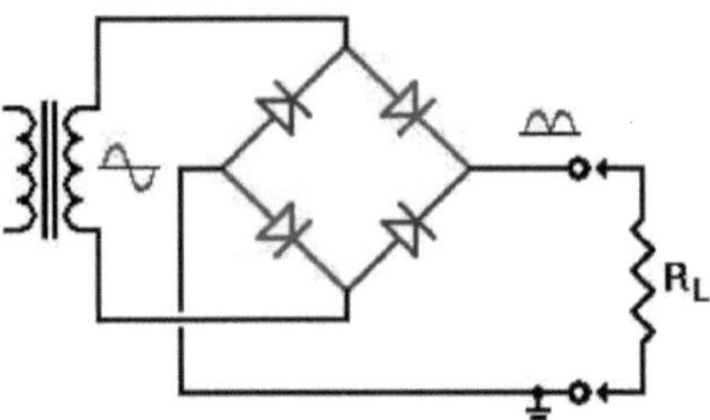

Fig.4.6 Retificador em ponte

4.2.7 Filtros

A melhor forma de compreender um circuito típico de filtro de alimentação é dividir o circuito em duas partes: o condensador de armazenamento e o filtro passa-baixo. Cada uma destas partes contribui para a remoção dos impulsos CA remanescentes, mas de formas diferentes.

Condensador eletrolítico utilizado como condensador de armazenamento, assim chamado porque serve de tampão para a corrente de saída da fonte de alimentação. O díodo retificador fornece corrente para carregar um condensador de armazenamento em cada ciclo da onda de entrada. O condensador de armazenamento é um grande condensador eletrolítico, normalmente com várias centenas ou mesmo milhares ou mais de microfarads, especialmente em fontes de alimentação de frequência de rede. Este valor de capacitância muito elevado é necessário porque o condensador de armazenamento, quando carregado, tem de fornecer corrente DC suficiente para manter uma saída de alimentação constante na ausência de uma corrente de entrada, ou seja, durante os intervalos entre meios ciclos positivos quando o retificador não está a conduzir.

O efeito do condensador de armazenamento numa onda sinusoidal semi-rectificada. Durante cada ciclo, a tensão CA do ânodo do retificador aumenta na direção de Vpk. Num ponto próximo de Vpk, a tensão do ânodo excede a tensão do cátodo, o retificador conduz e flui um impulso de corrente que carrega o condensador de armazenamento até ao valor de Vpk.

Assim que a onda de entrada passa por Vpk, o ânodo do retificador cai abaixo da tensão do condensador, o retificador é polarizado no sentido inverso e a condutividade é interrompida. O circuito de carga é agora alimentado apenas pelo condensador de armazenamento.

Embora o capacitor de armazenamento tenha um grande valor, ele naturalmente se descarrega quando alimenta a carga e sua tensão cai, mas não muito. Em algum momento durante o próximo ciclo de alimentação da rede, a tensão de entrada do retificador sobe acima da tensão no condensador parcialmente descarregado e o condensador de armazenamento é recarregado para o valor de pico Vpk.

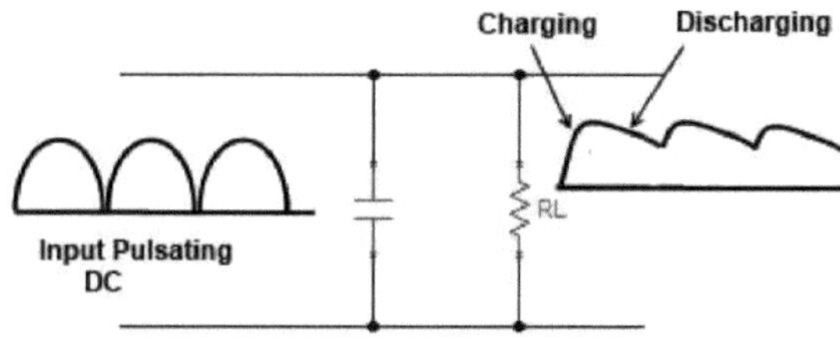

Fig. 4.7 Circuito do filtro

4.2.8 Regulador de tensão

Os CIs reguladores de tensão estão disponíveis com tensões de saída fixas ou variáveis. Também são classificados de acordo com a corrente máxima que podem passar. Existem também reguladores de tensão negativa, especialmente para utilização em fontes duplas. A maioria dos reguladores tem proteção automática contra sobrecorrente e sobreaquecimento.

Os controladores de três pontos da série LM78XX estão disponíveis com várias tensões de saída fixas, o que os torna adequados para uma vasta gama de aplicações. Uma delas é a regulação local na placa, que evita os problemas de distribuição associados à regulação de ponto único. As tensões disponíveis permitem que estes reguladores sejam utilizados em sistemas lógicos, instrumentos, dispositivos de alta-fidelidade e outros componentes electrónicos de estado sólido. Embora estes dispositivos tenham sido concebidos principalmente como reguladores de tensão fixa, podem ser utilizados com componentes externos para obter tensões e correntes ajustáveis.

1. Controlador positivo
    a. Pino de entrada
    b. Ponto de terra
    c. Pino de saída
2. Regula a tensão positiva
3. Controlador negativo
4. Pino de ligação à terra
5. Pino de entrada
6. Pino de saída

Regula a tensão negativa. A saída CC regulada é muito suave e não tem ondulação. É adequada para todos os circuitos electrónicos.

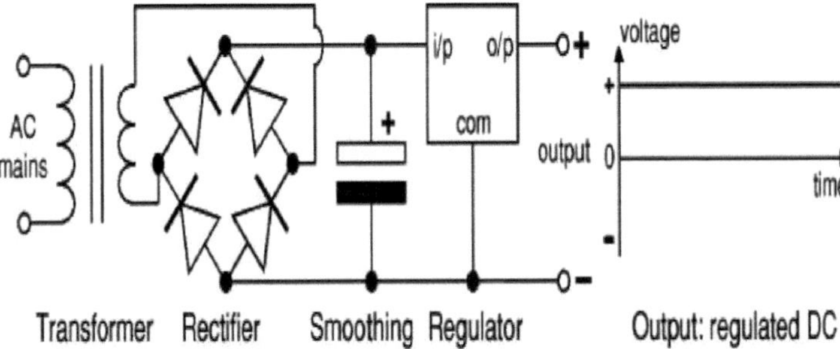

Fig.4.8 Circuito de alimentação eléctrica

4.2.9 Microcontrolador Arduino Mega

O Arduino Mega 2560 é uma placa de microcontroladores baseada no ATmega2560 (folha de dados). Tem 54 pinos de entrada/saída digitais (14 dos quais podem ser utilizados como saídas PWM), 16 entradas analógicas, 4 UART (portas de hardware série), um oscilador de cristal de 16 MHz, uma porta USB, uma tomada de alimentação, um cabeçalho ICSP e um botão de reset. Inclui tudo o que é necessário para suportar o microcontrolador; basta ligá-lo a um computador com um cabo USB ou alimentá-lo com um adaptador AC/DC ou uma bateria para começar. O Mega é compatível com a maioria dos shields concebidos para o Arduino Duemilanove ou Diecimila.

Resumo

Microcontrolador ATmega2560

Tensão de funcionamento - 5V

Tensão de entrada (recomendada)-7-12V

Tensão de entrada (valores limite)-6-20V

Pinos de E/S digitais - 54 (14 com saída PWM)

Entrada analógica Pinos-16
Corrente DC proI/OPin-40 mA

Corrente DC para pino de 3,3 V - 50 mA

Memória flash - 256 KB, dos quais 8 KB são utilizados para arranque

Carregador

SRAM-8 KB
EEPROM-4 KB
Frequência do relógio - 16 MHz

O Arduino Mega2560 pode ser operado através da porta USB ou com uma fonte de alimentação externa. A fonte de alimentação é selecionada automaticamente. A alimentação externa (não-USB) pode vir de um adaptador AC-to-DC (wall-wart) ou de uma bateria. O adaptador pode ser ligado através da inserção de uma ficha de 2,1 mm na tomada de alimentação da placa. Os cabos de uma bateria podem ser ligados às cabeças de pino Gnd e Vin do conetor POWER.

A placa pode ser operada com uma alimentação externa de 6 a 20 volts. No entanto, se a alimentação for inferior a 7 V, o pino de 5 V pode fornecer menos de 5 V e a placa pode tornar-se instável. Se a tensão for superior a 12 V, o regulador de tensão pode sobreaquecer e danificar a placa. O intervalo recomendado é entre 7 e 12 volts. A Mega2560 difere de todas as placas anteriores pelo facto de não utilizar o chip de driver USB-para-serial FTDI. Em vez disso, está equipada com o Atmega8U2, que está programado como um conversor USB-para-série. Os pinos de alimentação são atribuídos da seguinte forma:

- VIN. A tensão de entrada para a placa Arduino quando esta está a utilizar uma fonte de alimentação externa (em oposição a 5 volts através da porta USB ou de outra fonte de alimentação regulada). Pode fornecer a tensão através deste pino ou, se fornecer a tensão através da tomada eléctrica, pode ligá-la através deste pino.

- 5V. A fonte de alimentação regulada utilizada para alimentar o microcontrolador e outros componentes da placa. Esta pode vir do VIN através de um regulador integrado ou ser fornecida por USB ou outra fonte regulada de 5V.
- 3V3. Uma alimentação de 3,3 volts gerada pelo regulador incorporado. O consumo máximo de corrente é de 50 mA.
- GND. Pinos de ligação à terra.

4.2.10 Unidade de armazenamento

O ATmega2560 tem 256 KB de memória flash para armazenar código (8 KB dos quais são para o carregador de arranque), 8 KB de SRAM e 4 KB de EEPROM.

4.2.11 *Unidade de entrada e saída*

Cada um dos 54 pinos digitais do Mega pode ser utilizado como entrada ou saída com as funções Pin Mode(), Digital Write() e Digital Read(). Eles operam com uma tensão de 5 volts. Cada pino pode fornecer ou receber um máximo de 40 mA e tem uma resistência pull-up interna (desligada por defeito) de 20-50 kOhm. Para além disso, alguns pinos têm funções especiais:

- Série: 0 (RX) e 1 (TX); Série 1: 19 (RX) e 18 (TX); Série 2: 17 (RX) e 16 (TX); Série 3: 15 (RX) e 14 (TX). Utilizado para receber (RX) e transmitir (TX) dados TTL de série. Os pinos 0 e 1 também estão ligados aos pinos correspondentes do chip série ATmega8U2 USB-to-TTL.
- Interrupções externas: 2 (Interrupção 0), 3 (Interrupção 1), 18 (Interrupção 5), 19 (Interrupção 4), 20 (Interrupção 3) e 21 (Interrupção 2). Estes pinos podem ser configurados para acionar uma interrupção num valor baixo, num bordo ascendente ou descendente ou numa alteração de valor. Para mais pormenores, consulte a função attach Interrupt().
- PWM: 0 a 13. Fornece uma saída PWM de 8 bits com a função analógica Write().
- SPI: 50 (MISO), 51 (MOSI), 52 (SCK), 53 (SS). Estes pinos suportam a comunicação SPI, que é fornecida pelo hardware subjacente mas não está atualmente incluída na linguagem Arduino. Os pinos SPI também estão divididos no cabeçalho ICSP, que é fisicamente compatível com o Duemilanove e o Diecimila.

- LED: 13 Existe um LED incorporado que está ligado ao pino digital 13. Se o pino for ALTO, o LED acende-se, se o pino for BAIXO, está desligado.
- I2C: 20 (SDA) e 21 (SCL). Suporte para comunicação I2C (TWI) utilizando a biblioteca wire (documentação no sítio Web Wiring). Note-se que estes pinos não estão na mesma localização que os pinos I2C no Duemilanove. O Mega2560 tem 16 entradas analógicas, cada uma das quais com uma resolução de 10 bits (ou seja, 1024 valores diferentes). Por defeito, medem de terra a 5 volts, embora seja possível alterar o limite superior da sua gama usando o pino AREF e a função analogue reference(). Existem alguns outros pinos na placa:
- AREF. Tensão de referência para as entradas analógicas. É utilizada com a função Referência analógica().
- Reiniciar. Coloque esta linha em LOW para reiniciar o microcontrolador. Tipicamente utilizada para adicionar um botão de reinicialização a shields que bloqueiam o botão na placa.

4.2.12 Comunicação

O Arduino Mega2560 tem uma gama de opções para comunicar com um computador, outro Arduino ou outros microcontroladores. O ATmega2560 fornece quatro UARTs de hardware para comunicação em série TTL (5V). Um ATmega8U2 na placa canaliza uma destas UARTs via USB e disponibiliza uma porta COM virtual para o software no computador (os computadores Windows requerem um ficheiro .in, mas os computadores OSX e Linux reconhecem automaticamente a placa como uma porta COM.

O software Arduino inclui um monitor de série que pode ser utilizado para enviar dados de texto simples de e para a placa. Os LEDs RX e TX da placa piscam quando os dados estão a ser transferidos para o computador através do chip ATmega8U2 e da ligação USB (mas não para a comunicação em série através dos pinos 0 e 1). Uma biblioteca de software serial permite a comunicação serial através de cada um dos pinos digitais do Mega. O ATmega2560 também suporta comunicação I2C (TWI) e SPI. O software Arduino inclui uma biblioteca de fios para simplificar a utilização do bus I2C.

4.2.13 Programação

O Arduino Mega2560 pode ser programado com o software Arduino (descarregar). Os pormenores podem ser encontrados na referência e nos tutoriais. O

Atmega2560 no Arduino Mega já está equipado com um carregador de arranque que permite carregar novo código sem um dispositivo de programação de hardware externo. Comunica com o protocolo STK500 original (referência, ficheiros de cabeçalho C). Também é possível ignorar o carregador de arranque e programar o microcontrolador através do cabeçalho ICSP (In-Circuit Serial Programming); os pormenores podem ser encontrados neste manual.

4.2.14 Reiniciar

Em vez de premir fisicamente o botão de reset antes de um carregamento, o Arduino Mega2560 foi concebido para ser reiniciado por software executado num computador ligado. Uma das linhas de controlo de fluxo do hardware (DTR) do ATmega8U2 está ligada à linha de reset do ATmega2560 através de um condensador de 100 nanofarad. Quando esta linha é activada (baixa), a linha de reset cai o tempo suficiente para reiniciar o chip.

O software Arduino utiliza esta capacidade para permitir que o código seja carregado premindo simplesmente o botão de carregamento no ambiente Arduino. Isto significa que o carregador de arranque pode ter um período de tempo mais curto, uma vez que a descida do DTR pode ser bem coordenada com o início do carregamento. Esta configuração tem outras implicações. Se o Mega2560 estiver ligado a um computador com Mac OS X ou Linux, será reiniciado sempre que for efectuada uma ligação a partir do software (via USB). Durante cerca de meio segundo, o carregador de arranque será executado no Mega2560. Embora esteja programado para ignorar dados errados (ou seja, tudo exceto carregar novo código), intercepta os primeiros bytes de dados enviados para a placa depois de uma ligação ser aberta.

Se um sketch em execução na placa recebe configuração única ou outros dados quando é iniciado pela primeira vez, certifique-se de que o software com o qual está a comunicar aguarda um segundo após o sketch ser iniciado.

antes de abrir a ligação e antes de enviar estes dados. O Mega contém uma pista que pode ser cortada para desativar a reinicialização automática. Os pads de ambos os lados da pista podem ser soldados entre si para a reativar. Está identificada como "RESET-EN". Também pode ser possível desativar a reinicialização automática ligando uma resistência de 110 ohm de 5V à linha de reinicialização; para mais informações, consulte este tópico do fórum.

4.2.15 LED

Os díodos emissores de luz (LED) são os díodos semicondutores mais utilizados entre os vários tipos de díodos semicondutores atualmente disponíveis. Os díodos emissores de luz emitem luz visível ou luz infravermelha invisível quando são polarizados para a frente. Os LEDs que emitem luz infravermelha invisível são utilizados em controlos remotos.

Um díodo emissor de luz (LED) é um dispositivo semicondutor ótico que emite luz quando é aplicada uma tensão. Por outras palavras, o LED é um componente semicondutor ótico que converte energia eléctrica em energia luminosa.

Fig. 4.9 LED

Quando um díodo emissor de luz (LED) é polarizado na direção da frente, os electrões livres na banda de condução recombinam-se com os buracos na banda de valência e libertam energia sob a forma de luz.

O processo de emissão de luz em resposta a um forte campo elétrico ou ao fluxo de corrente eléctrica é designado por eletroluminescência.

Um díodo de junção p-n normal só permite a passagem de corrente eléctrica num sentido. Permite a passagem de corrente eléctrica quando está polarizado para a frente e não permite a passagem de corrente eléctrica quando está polarizado para trás. Por conseguinte, um díodo de junção p-n normal só funciona no sentido da corrente.

Tal como os díodos de junção p-n normais, os LED só funcionam na direção da frente. Para criar um LED, o material do tipo n deve ser ligado ao terminal negativo da bateria e o material do tipo p ao terminal positivo da bateria.

Por outras palavras, o material de tipo n deve ter uma carga negativa e o material de tipo p deve ter uma carga positiva.

A estrutura do LED é semelhante à de um díodo de junção p-n normal, com a diferença de que são utilizados gálio, fósforo e arsénio na estrutura em vez de silício ou germânio.

O silício é mais comummente utilizado em díodos de junção p-n normais porque é menos sensível à temperatura. Também permite a passagem da corrente eléctrica de forma eficiente e sem danos. Nalguns casos, o germânio é utilizado para a construção de díodos.

No entanto, os díodos de silício ou de germânio não emitem energia sob a forma de luz. Emitem, sim, energia sob a forma de calor. Por este motivo, o silício ou o germânio não são utilizados na construção de LEDs.

4.2.16 Teclado matricial

A maioria das aplicações de sistemas incorporados exige teclados para aceitar a entrada de dados do utilizador, especialmente quando uma aplicação exige um maior número de teclas. Devido à arquitetura simples e ao método de interface, os teclados matriciais substituem os botões normais, oferecendo ao utilizador mais entradas com menos pinos de E/S.

Os teclados matriciais são normalmente utilizados em calculadoras, telefones, etc., onde é necessária uma série de interruptores de entrada. Sabemos que um teclado matricial é feito através da disposição de botões de pressão em linhas e colunas. Para ligar um teclado 4*4 (16 interruptores) a um microcontrolador, precisamos de 16 pinos de entrada. No entanto, se ligarmos os interruptores da seguinte forma, podemos ler o estado de cada interrutor através de 8 pinos do microcontrolador.

4.2.17 Invenção

A invenção do teclado é atribuída a John E. Kerlin, um psicólogo industrial da

Bell Labs em Murray Hill.

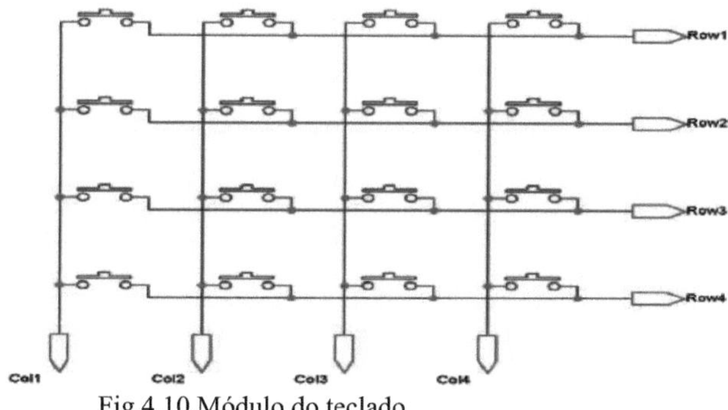

Fig.4.10.Módulo do teclado

O estado dos botões individuais pode ser determinado através de um processo designado por scanning. Para explicar isto, assumimos que todos os pinos de coluna (Coll - Col4) estão ligados aos pinos de entrada e todos os pinos de linha estão ligados aos pinos de saída do microcontrolador. Normalmente, todos os pinos de coluna são puxados para cima por resistências pull-up internas ou externas (estado HIGH). Agora, podemos ler o estado de cada interrutor fazendo um scanning.

> Um LOW lógico é dado a Rowl e outros (Row2 - Row-4) HIGH
> Agora cada coluna é analisada. [st]Se um interrutor na linha 1 for premido, a coluna correspondente é puxada para baixo (logicamente LOW) e podemos reconhecer o botão premido.

Este processo é repetido para todas as linhas.

4.2.18 Buzina

Uma campainha é um dispositivo de sinalização sonora mecânico, eletromecânico, magnético, eletromagnético, eletroacústico ou piezoelétrico. Um sinal sonoro piezoelétrico pode ser acionado por um circuito eletrónico ressonante ou outra fonte de sinal áudio. Um clique, um sinal sonoro ou um toque podem indicar que um botão foi premido, e uma campainha capta algum tipo de sinal de entrada e emite um som em resposta. Uma campainha ou um sinal sonoro é um dispositivo de sinalização. A palavra "campainha" vem do som de coaxar que as campainhas faziam quando eram dispositivos electromecânicos alimentados por uma tensão alternada escalonada de 50 ou 60 ciclos. Outros sons normalmente utilizados para indicar que um botão foi premido são um toque ou um sinal sonoro.

4.2.19 GSM

O GSM é um modem de rádio móvel; é a sigla de Global System for Mobile

Communication (GSM). A ideia do GSM foi desenvolvida nos Laboratórios Bell em 1970. É um sistema de comunicações móveis amplamente utilizado em todo o mundo. O GSM é uma tecnologia de rádio móvel aberta e digital que é utilizada para a transmissão de serviços móveis de voz e dados e funciona nas bandas de frequência de 850 MHz, 900 MHz, 1800 MHz e 1900 MHz. Um GSM digitaliza e reduz os dados e transmite-os através de um canal com dois fluxos de dados diferentes, cada um no seu próprio intervalo de tempo. O sistema digital pode transmitir débitos de dados de 64 kbit/s a 120 Mbit/s. Existem diferentes tamanhos de células num sistema GSM, como as células macro, micro, pico e de ecrã. Cada célula varia consoante a área de implementação. Existem cinco tamanhos diferentes de células numa rede GSM: Macro, Micro, Pico e células de ecrã. A área de cobertura de cada célula varia consoante o ambiente de implementação.

Fig. 4.11 GSM-MODEM

4.2.20 Ecrã LCD

Um LCD é fabricado com uma matriz passiva ou uma matriz ativa. Numa matriz ativa, existe um transístor em cada intersecção de pixel, o que requer menos corrente para controlar a luminância de um pixel. Por este motivo, a corrente num ecrã de matriz ativa pode ser ligada e desligada com maior frequência, o que melhora o tempo de atualização. Os LCD de matriz passiva têm varrimento duplo, o que significa que varrem a imagem duas vezes com a mesma corrente.

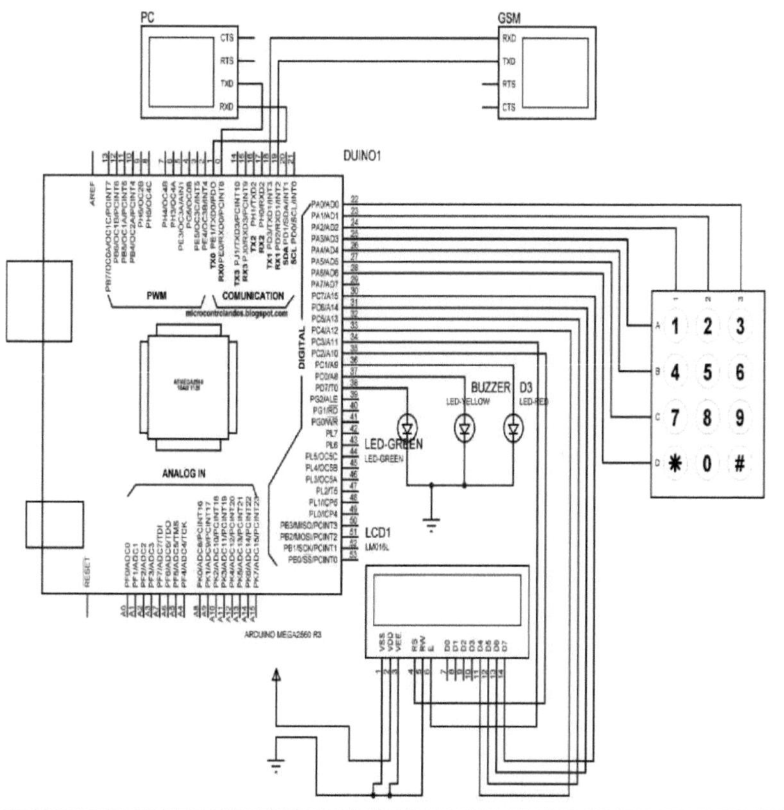

Fig. 4.12Representação esquemática do modelo

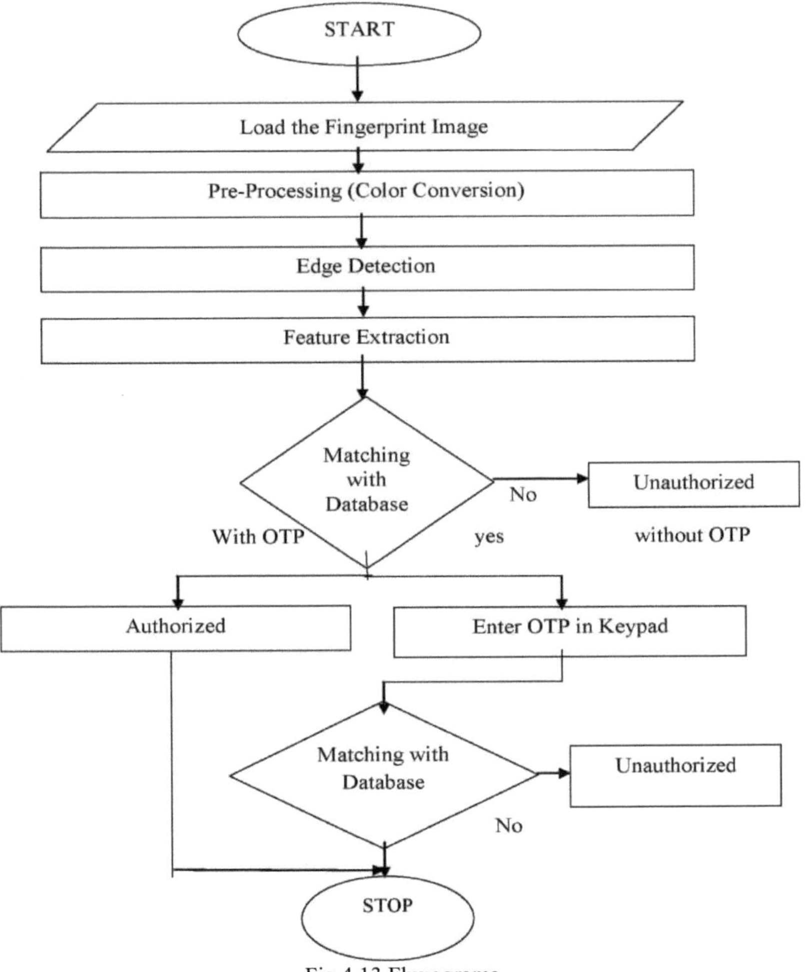

Fig.4.13.Fluxograma

4.2.21 Méritos:

O sistema é muito fácil de utilizar: com o avanço dos sistemas em linha, quase todas as pessoas utilizam agora os ATM para as suas transacções bancárias, pelo que este sistema AVM (que é muito semelhante aos ATM) é facilmente compreendido por elas. Os AVM contribuirão para uma votação mais rápida, uma contagem sem esforço e a transmissão dos resultados eleitorais. Autenticação segura e inviolável: o sistema é totalmente centralizado e os eleitores válidos são verificados através de caraterísticas biométricas (únicas), como as impressões digitais, de modo a que não possa ser emitido um único voto inválido.

CAPÍTULO 5
RESULTADOS E DEBATE

5.1 FERRAMENTAS UTILIZADAS

5.1.1 Requisitos de hardware

Microcontrolador Arudino MEGA, PC, modem GSM, campainha, UART, relé, alimentação

Unidade de alimentação, 4^4 matrizes de teclado, ecrã LCD

5.1.2 Requisitos de software

Programa "c" incorporado

MATLAB

Algoritmo Proteus

5.2 ECRÃ DE SAÍDA

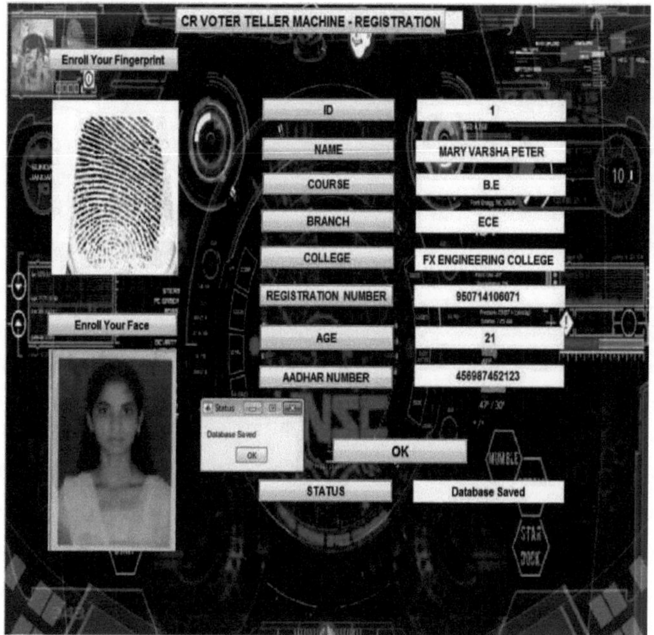

Fig. 5.1 Módulo "Registo".

A figura 5.1 acima mostra a impressão digital do candidato e a base de dados armazenada num ficheiro MATLAB. Nesta unidade de registo, devem ser armazenados os dados biográficos de todos os eleitores. Este facto desempenha um papel importante no sistema de segurança. Se o candidato introduzir a sua impressão digital e esta coincidir, deve ser apresentada no sistema a base de dados do eleitor que coincide. Se o dedo não coincidir, é emitido um aviso para o sistema de controlo.

5.3 Unidade de visualização de hardware:

Fig. 5.2Unidade de hardware

A figura 5.2 mostra a unidade de hardware do sistema de votação inteligente baseado em impressões digitais. A unidade de hardware é utilizada para apresentar o estado da votação. A unidade de hardware contém um microcontrolador Arudino MEGA, um ecrã LCD, um teclado, uma fonte de alimentação, GSM, um LED e um sinal sonoro. Esta unidade de hardware é utilizada para visualizar o estado da saída.

5.4 Módulo de saída:

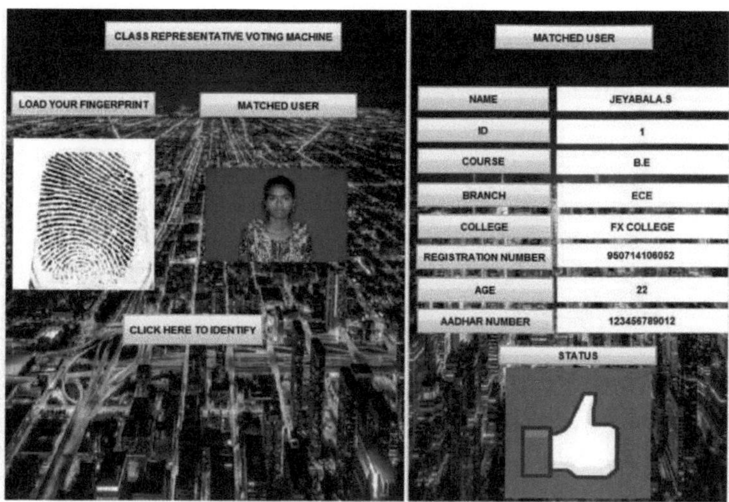

Fig. 5.3 Módulo de correspondência de impressões digitais

Fig. 5.4 Módulo de visualização selecionado

Fig. 5.5 Módulo selecionado com falha

Fig. 5.6 Módulo de visualização OTP

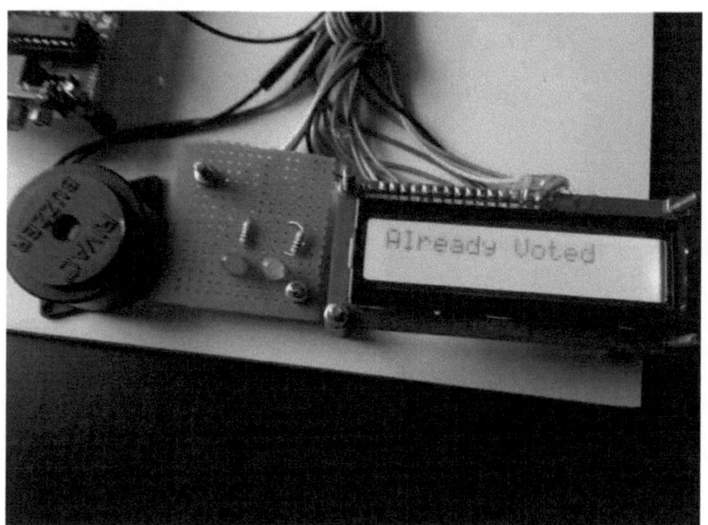

Fig. 5.7 Módulo já selecionado

A Fig. 5.3 acima mostra a comparação das impressões digitais dos candidatos. As Fig. 5.4, 5.5, 5.6 e 5.7 mostram o estado do processo de votação na unidade de hardware.

CAPÍTULO 6
CONCLUSÃO E MELHORIAS FUTURAS

6.1 CONCLUSÃO

Acreditamos que, ao criar algo maior, a imaginação vem em primeiro lugar, o que nos ajuda a criar um esboço do nosso objetivo. Depois, a imaginação deve ser concretizada de forma adequada e eficiente para atingir o objetivo desejado. Acabámos de apresentar uma ideia ou conceito de como os nossos sistemas eleitorais podem garantir eleições "livres e justas" num futuro recente, com técnicas de votação mais rápidas, seguras, acessíveis e fiáveis. A aplicação do sistema biométrico de autenticação de impressões digitais melhorará a autenticidade de um eleitor e, por conseguinte, conduzirá a uma eleição justa. O sistema proposto, se funcionar corretamente, revolucionará o mundo das eleições. Sabemos que estas coisas exigem tecnologia altamente eficiente, sistemas e software de aplicação, uma grande base de dados e infra-estruturas adequadas. Mas um país como a Índia, que é abençoado com as bênçãos da ciência e da tecnologia, pode facilmente implementar um processo deste género. Temos plena confiança no nosso governo, na Comissão Eleitoral da Índia e na nossa tecnologia, que está a melhorar de dia para dia. Também estamos certos de que a nossa tecnologia irá construir algo semelhante ou mesmo muito melhor e mais conveniente do que isto nos próximos tempos.

6.2 FUTURA EXPANSÃO

No futuro, poderemos oferecer uma votação segura e 99% de exatidão de voto com menos trabalho manual e viagens menos dispendiosas.

REFERÊNCIAS

[1] R. Murali Prasad, PhD, PolaiahBojja, PhD e MadhuNakirekanti , "Aadhar based Electronic Voting Machine using Arduino", *IJCA* ,2016.

[2] SoumadipSen e SankhadipSen, "Automatic Voting Machine - An Advanced Model for Secured Biometrics Based Voting System", *IJRITCC*,2015.

[3] Yashwant Singh Patel e Nitish Kumar Singh, "Kerberos based ATM Voting System: Voting Friendly Model", *ICDCIT*,2014.

[4] Muthukumaran. N e Ravi. R, 'Hardware Implementation of Architecture Techniques for Fast Efficient Loss Less Image Compression System', Wireless Personal Communications, Volume. 90, No. 3, pp. 1291-1315, outubro de 2016, SPRINGER.

[5] Muthukumaran. N e Ravi. R, 'The Performance Analysis of Fast Efficient Lossless Satellite Image Compression and Decompression for Wavelet Based Algorithm', Wireless Personal Communications, Volume. 81, No. 2, pp. 839-859, março de 2015, SPRINGER.

[6] Muthukumaran. N e Ravi. R, 'VLSI Implementations of Compressive Image Acquisition using Block Based Compression Algorithm', The International Arab Journal of Information Technology, vol. 12, n.º 4, pp. 333-339, julho de 2015.

[7] Muthukumaran. N e Ravi. R, 'Simulation Based VLSI Implementation of Fast Efficient Lossless Image Compression System using Simplified Adjusted Binary Code & Golumb Rice Code', World Academy of Science, Engineering and Technology, Volume. 8, No. 9, pp.1603-1606, 2014.

[8] Mary Varsha Peter, V. Priya, H. Petchammal, Dr. N. Muthukumaran, "Finger Print Based Smart Voting System", Asian Journal of Applied Science and Technology, Vol. 2, No. 2, pp. 357-361, abril de 2018.

[9] Ruban Kingston. M, Muthukumaran. e N, Ravi. R, 'Um novo esquema de design CMOS VCO com número reduzido de transistores usando ferramenta CAD de 180 nm', International Journal of Applied Engineering Research, Volume. 10, No. 14, pp. 11934-11938, 2015.Yekini, N.A., Oyeyinka I. K., Oludipe O.O., Lawal O.N, "Computer-based Automated Voting Machine (AVM) Forelections in Nigeria", *ICDCIT*,2015.

[10] V SyamBabu, A L Siridhara, R Karthik, KoppulaSrinivasaRao e M, Chandraleka

R ," User friendly aadhar based electronic voting machine using arm7 ", *IJIRCCE* 2017.

[11] JitendraWaghamare ,DhananjayManusmare , BhagyashriDongre , ManishaBannagare ShreyaChahande , KunalSontakke "Implementation of Aadhar Card Based EVM Machine with GSM Module ", *IJESC*,2017.

[12] Ankita R. Kasliwal, Jaya S. Gadekar, Manjiri A. Lavadkar, Pallavi K. Thorat, Dr. PraptiDeshmukh "Aadhar Based Election Voting System", *IOSR-JCE*,2017.

[13] Uma abordagem inovadora da implementação de um modelo de votação numa caixa registadora automática por B. Thamotharan, DR. V. Vaithiyanatahan, R. Nandini, .MounikaMudda, R.Divya,*IJRITCC* 2013

[14] Máquina de votação eletrónica amigável baseada em Aadhar usando ARM7 por V.Syambabu, A.L Siridhara, R.Karthik, KoppulaSrinivasaRao, G.Bhavana e K.H Murali, *IJIRCCE* 2016.

[15] Implementação de uma máquina EVM baseada em cartão Aadhar com módulo GSM por Jitendra Waghamare, DhananjayManusmare, BhagyashriDongre,*IJIRCCE* 2017

[16] Urna de voto eletrónica com autenticação biométrica de impressões digitais e cartão Aadhar por Shekhar Mishra, Y.Roja Peter, Zaheed Ahmed Khan,*IJSRET* 2017

[17] Dr. N. Muthukumaran, Sra. R. Sonya 'Principles of Wireless Communications', ISBN-13 : 978-620-2-30432-0, ISBN-10 : 6202304324, EAN : 9786202304320, Scholars-Press Publication, 19-12-2017.

[18] Dr. N. Muthukumaran, 'VLSI Based Fast Efficient Lossless Image Compression System', ISBN-13 : 978-620-2-30282-1, ISBN-10 : 6202302828, EAN : 9786202302821, Scholars-Press Publication, 07-11-2017.

[19] Dr. N. Muthukumaran, 'FPGA Implementation of Image Compression and Retrieval', ISBN-13 : 978-620-2-30130-5, ISBN-10 : 6202301309, EAN : 9786202301305, Scholars-Press Publication, 12-09-2017.

[20] Sistema de votação eletrónica baseado no Aadhar, por Prof.R.L.Gaike, Vishnu P. Lokhande, Shubham T. Jadhav, Prasad N. Paulbudhe, *IJSRET* 2016

[21] Sistema de votação eleitoral baseado no Aadhar, por Ankita R. Kasliwal, Jaya S. Gadekar, Manjiri A. Lavadkar, Pallavi K. Thorat, Dr. PraptiDeshmukh, *IJSRET*

Índice

Printed by Books on Demand GmbH, Norderstedt / Germany